U0269165

让头发倒竖的问题

?

光 和 颜 色

［阿根廷］卡拉·巴勒德斯
伊蕾阿娜·洛特斯坦　文
［阿根廷］玛利亚·拉维茨　图

梁　琳　译

海峡出版发行集团　福建教育出版社
THE STRAITS PUBLISHING & DISTRIBUTING GROUP

图书在版编目（CIP）数据

光和颜色 /（阿根廷）卡拉·巴勒德斯,（阿根廷）
伊蕾阿娜·洛特斯坦文;（阿根廷）玛利亚·拉维茨图;
梁琳译. – 福州：福建教育出版社, 2018.1
（让头发倒竖的问题）
ISBN 978-7-5334-7562-8

Ⅰ.①光… Ⅱ.①卡… ②伊… ③玛… ④梁… Ⅲ.
①光学-儿童读物②颜色-儿童读物 Ⅳ.①043-49
②J063-49

中国版本图书馆CIP数据核字（2017）第020946号

La luz y los colores para los más curiosos©ediciones iamiqué 2014
The simplified Chinese translation rights arranged through Rightol Media
（本书中文简体版权经由锐拓传媒取得Email:copyright@rightol.com）

著作权合同登记号：图字13-2017-038

让头发倒竖的问题
Guang he Yanse

光和颜色

［阿根廷］卡拉·巴勒德斯　　伊蕾阿娜·洛特斯坦　文
［阿根廷］玛利亚·拉维茨　图
梁　琳　译

出版发行　海峡出版发行集团
　　　　　福建教育出版社
　　　　　（福州市梦山路27号　邮编：350025　网址:www. fep. com. cn
　　　　　编辑部电话：0591-83726290
　　　　　发行部电话：0591-83721876　87115073　010-62027445）
出 版 人　江金辉
印　　刷　福州华彩印务有限公司
　　　　　（福州市福兴投资区后屿路6号　邮编：350014）
开　　本　889毫米×1194毫米　1/20
印　　张　3
字　　数　48千字
版　　次　2018年1月第1版　2018年1月第1次印刷
书　　号　ISBN 978-7-5334-7562-8
定　　价　28.00元

如发现本书印装质量问题，请向本社出版科（电话：0591-83726019）调换。

出版说明

　　大卫·希尔伯特于 1900 年 8 月 8 日在巴黎第二届国际数学家大会上，提出了新世纪数学家应当努力解决的 23 个数学问题，之后各国数学家对这些问题的研究有力地推动了 20 世纪数学的发展，在世界上产生了深远的影响。

　　爱因斯坦曾说：提出一个问题往往比解决一个问题更为重要。因为解决一个问题也许只是一个数学上或实验上的技巧问题，而提出新的问题、新的可能性，从新的角度看旧问题，却需要创造性的想象力。

　　水是生命的摇篮，火是人类进化的催化剂。地球是人类的家园，太阳是太阳系的中心天体。现代科学研究的对象仍是我们赖以生存的自然万象，自然有着测不透的丰富和奥秘有待人类去探索。人类通过听觉、视觉、触觉、味觉、嗅觉等感觉接收外界信息，借助技术手段和工具获取、处理和发布信息，信息经大脑处理形成各种问题和解决问题的想法，从而推动科学与技术的发展。声、光、电，水、火、风，地震、海啸、火山……在自然里，在生活里，在我们身边，青少年往往因对其好奇而发问，老年人常常因对其困惑而发问，并由此产生动手做一做实验的欲望。

　　我社从阿根廷伊阿米盖出版公司引进"让头发倒竖的问题"儿童自然科学读物丛书：《水和火》《地球和太阳》《地震和火山》《暴风雨和龙卷风》《光和颜色》。丛书以有趣而奇特的问题为线，解释一系列自然现象：为什么鸭子不会被水打湿，火为什么会把我们烧伤，空气为什么不会跑出地球，地震的时候大地为什么会摇晃……丛书提出一系列隐藏在自然现象背后的科学问题：水能支撑得住其他东西吗？地球的位置在不断变化吗？天黑的时候，太阳去哪里了？地球的哪一面在上？地球是怎么"保暖"的呢？地球到底有多大，我们怎么知道？今天会地震几次？海啸是从哪里来的？温泉是从哪里来的？云的形状能透露给我们什么信息？整个地球可能全被洪水淹没吗？龙卷风可以追踪吗？飓风到哪里去了？……

丛书通过"好奇千百问""实验园地　家庭活动""科学幻想　考古发现""风土人情　轶闻趣事""有趣的冷知识""奇妙的事情"等栏目，与从8岁到108岁有好奇心的朋友们分享自然现象背后的奥秘。

伊阿米盖出版公司依照物理学、化学、地理学、地质学、生物学等知识，致力科学知识的推广和普及。希望通过他们的努力能向大家证明：严谨的科学不会"咬人"，一点儿也不可怕，并且能够帮助大家享受科学带来的乐趣。作者怀揣热切、疯狂的愿望，将自然科学知识类丛书打造成光彩夺目、妙趣横生又创意非凡的作品。

科学探究的一般过程包括：提出问题、做出假设、制订计划、实施实验以及得出结论等。然而，当下中小学甚至高等院校，学科教育不同程度地存在应试教育的困局，学生大多是通过大量刷题取得学业考试分数，这不是好的学习方法，更不是自然科学的学习方法。因此，我们推出中文版"让头发倒竖的问题"儿童自然科学读物丛书，希望能给有志从事自然科学学习和研究的青少年一个全新的学习模式和研究方法的启迪。

福建教育出版社
2017 年 7 月

目 录

栏目索引

关于

光和视野的问题

1. 为什么没有光就什么都看不到了呢?

倘若半夜醒来，想要摸黑在房间里乱撞而不碰痛你的小脚丫，那可真是件难事。你很有可能不是一脚踢到了床沿上，就是不小心踩到白天摆弄过后随手丢在地上的玩具。可是，究竟为什么没有光就什么都看不到了呢?

事情本身很简单：只要有光线，你就能看到散落在地上的玩具。这光线可能来自床头灯，走廊、浴室的灯，也可能是街上透过窗户照进房间的路灯。

可是，究竟为什么必须有光，我们眼睛才看得到这些东西呢? 实际上，这是因为你的眼睛唯一能看得到的东西就是光本身。

　　原理恐怕听起来不会那么复杂，比如：你能看到灯，是因为灯发出的光进入了你的眼中；你能看到电视，是因为电视机屏幕的光进入了你的眼中；你能看到火苗，是因为火苗发出的光进入了你的眼中。

　　可是，眼前这本你正在阅读的书，你也能看到它，但它本身并不会发光啊……那我为什么能看到它呢？这是因为，即便这本书它自身不是光源，可是有来自于你周围的光线射到了它的表面，之后光线发生反射进入了你的眼中。所以，也是进入你眼中的光线，使你看到了这本书。

3

2. 什么是月光，难道真的是月球在发光吗?

看到这个问题，你可能会纳闷，月光不就是月球发出的光吗? 其实不然，月光其实并非来自月球本身，而是来自太阳! 太阳光照射到了月球表面，一部分光被反射之后到达地球，照亮了人们看到的夜空。

如果你那里刚好是晚上，你想看到月亮，很容易，你只需举目眺望它，让月光在落到地面之前，就进入到你的双眼中就可以了。

好奇千百问

白天为什么看不到月亮? 与能直接照射到地球的太阳光相比，月球向地球发出的反射光就微弱多了，所以我们很难在白天看到它。这就跟在亮堂的房间里，手电筒发出的光好像不怎么起眼的道理一样。一天当中，只有当太阳照射地球的光线比较微弱的时段，我们才能看到月亮的身影，比如在天亮以前或者黄昏之后。

　　跟地球一样，月球总是（或者我们说几乎总是）有一半沐浴在太阳的照射下，还有另一半一片黑暗——阴影部分是月球本身的阴暗面。我们能看到被日光照亮的部分，是因为月球这半个表面上的反射光进入了我们眼中。但是要想看到它完整的一半，要等大约二十九天才有一次机会，这也是月球围绕着地球转动一周所需的时间。

　　当月球围绕地球转动的时候，它被太阳光照亮的部分的变化取决于地球的位置。当它被太阳光照亮的部分正好对着地球的时候，我们看到的是"满月"。"满月"以后，看到的月球亮的部分一天比一天小了。大约两周之后，它会完全以黑暗面朝向地球，这时候的月亮叫作"新月"——在地面上无法见到。但是在这之后，月球的光亮面又会逐渐出现在我们眼中，并且能看到的一天比一天大。等到它的光亮面再次完全面对地球的时候，我们就又看到了"满月"，如此周而复始。

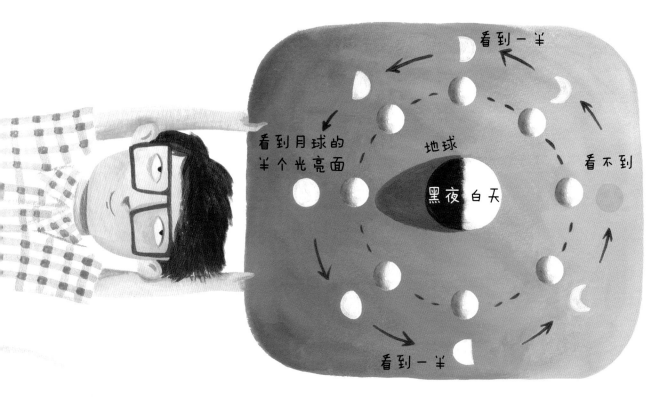

3. 太阳光是什么颜色?

正是因为有了太阳，你才能看到月亮，而且还能看到树木、小鸟、山脉、人行横道，大家才能平平稳稳地走在大街上。那么，太阳光到底是什么颜色？它看起来像是无色透明的。事情往往不像它看起来那么简单……太阳光到底是什么颜色，你想弄清楚吗？

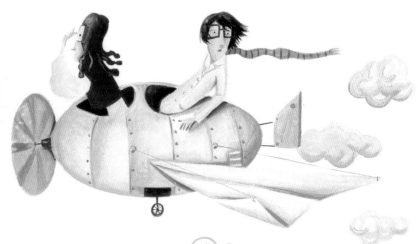

实验园地　家庭活动

找一张光盘（CD），拿它正对着太阳光，以不同角度转动光盘，你发现光盘上呈现出的五颜六色的光束了吗？然后，你让光线反射到一面白色的墙上（如果墙面处于太阳的阴影中那就更好了）。试一试看，这时候在墙面上是不是出现了一个完整的由光束组成的扇形。

墙面上出现的那么多颜色都是从哪里来的呢？原来太阳光并不是无色透明的，它还藏着红色、橙色、黄色、绿色、蓝色和紫色这么多颜色！

你刚才动手做的小实验，其实早在 300 多年以前就已经有一位英国科学家尝试过，这个人就是大名鼎鼎的艾萨克·牛顿。他做了一个类似的实验，就是我们熟知的"色散实验"。牛顿从这个实验中发现了太阳光的秘密，只不过他当时用的不是光盘，而是一个玻璃棱镜，从而发现了太阳光暗藏的五颜六色。

作为一个杰出的科学家，牛顿先生经过夜以继日的实验，最终发现了一个规律：太阳光在被玻璃棱镜折射后，色散的先后顺序是"赤、橙、黄、绿、蓝、紫"。他觉得太阳光被玻璃棱镜分解后出现的缤纷色带，就跟音乐中的七音符一样简洁完美。

那么，第七个颜色是从哪里来的呢？这位大科学家利用他非凡的想象力，在蓝色和紫色两个色带之间，发现了第七种颜色，他把这种颜色命名为"靛"。事实上，除了牛顿先生本人，其他人很难说清楚"靛"到底是一种什么颜色。

　　1879 年 12 月 31 日的晚上，有三千人聚集在一个实验室的门口。他们不是在等待庆祝新年的到来，而是翘首期待着伟大的美国发明家托马斯·阿尔瓦·爱迪生展示他新的发明成果。当这个神奇的发明物出现在公众眼前的时候，所有的人都目瞪口呆。原本还沉浸在黑暗中的爱迪生实验室，以及它所在的整条街道，都被几个"玻璃小球"照得通明，并且连续好几个小时这种光亮都没有消失。真是令人叹为观止！

　　文莱苏丹（文莱的国家元首）是世界上最富有的人之一。文莱是一个非常小的国家，小得在地图上都很难把它的位置找出来。文莱苏丹的宫殿有 1 788 个房间，258 个洗漱间和 18 部电梯。这么大规模的宫殿，你知道需要安装多少灯泡来照明吗？ 51 500 个！而且，几乎每天都要烧坏差不多 200 个灯泡。所以，在苏丹宫殿里专门安排了一位灯泡更换工，这位工作人员每天的工作就是在梯子上爬上爬下，为宫殿不停地更换新灯泡。

　　氖，是一种气体，它无色无味混合在空气中，丝毫不易被察觉。但是，当它被充入玻璃管内，再为玻璃管通上电之后，它便会发出令人侧目的红色。由于它的这一特性，氖常常被人们用来制作造型和尺寸各异的广告牌。其实，我们常说的霓虹灯光并非只来自氖这一种气体，五光十色的光芒来自不同的物质，比如：能发出蓝色的光，是因为被注入了氩气；紫丁香这种颜色呢，来自氪；还有黄色呢，来自氦。正是有了这些物质，我们的夜晚才多姿多彩起来。

4. 为什么红玫瑰看起来是红色的?

你能看到玫瑰花的花瓣, 因为就像我们前面讲过的, 太阳光反射之后进入你的眼睛。你能看到玫瑰花茎, 同样也是这个道理。但是, 问题来了, 既然这束玫瑰连花朵带茎叶都同样是在太阳光照射下被我们肉眼看到, 那为什么花朵是红色的, 而茎叶则是绿色的呢?

那是因为, 在太阳光的照射下, 花瓣吞掉了所有其他颜色的光, 唯独剩下红色。也就是说, 唯一被反射出来的就是红色光, 它最终进入你的眼睛, 在你的眼中成像, 使你看到了红色的花瓣。而花茎呢, 同一个道理, 它吸收了多种颜色的光, 唯独剩下绿色的光, 所以, 在你眼中, 它是绿色的。

有故事的玫瑰花

1453 年，当时的英格兰国王亨利六世遭受了精神疾病的折磨，随即约克公爵理查被任命为摄政王，大权在握。可是谁也没想到的是，两年之后，亨利六世的病痊愈了，这挫败了理查专权的野心，如日中天的公爵怎会轻易善罢甘休，随即向英王宣战。

亨利六世和理查分属兰开斯特家族和约克家族。两大家族各自的徽章上分别是一枝红色的玫瑰和一枝白色的玫瑰。注意，这可不是两只球队间的争夺赛，而是两个家族后裔间为争夺英格兰王位而爆发的持久内战。

兰开斯特家族和约克家族间的这场战争持续了整整 30 年。在这 30 年中，两大家族中不断出现盟友、叛徒、骗子和谋杀等等。这场声势浩大的战争最终以兰开斯特家族的亨利七世与约克家族的伊丽莎白的联姻结束，他们共同统治英格兰，两大家族相安无事、平分天下。这场有了像电视连续剧一样的大团圆美满结局的战争，后来以两大家族的家徽命名，即"玫瑰战争"。

5. 为什么我们能看见天空?

空气是由无数个超级小的微粒组成的，这些微粒本身是不发光的，可是微粒不发光，天空中又充满了不发光的空气，那么，为什么我们还是能够看得见天空的颜色呢?

那些大气微粒特别喜欢和光"玩打板球游戏"。可是，它们并不是和每一种颜色的光都玩得来，它们主要和紫色光、蓝色光做"好朋友"。所以，当太阳光照到大气微粒上的时候，它们只把这两种颜色的光"打出去"。就这样，它们通过"游戏"把光送到了每一个角落：上面、旁边、下面，你所在的地方……

蓝色光和紫色光（从各处而来的光）进入你的眼睛，并不是要照疼你的眼睛，而是要让你看到天空的颜色。因为眼睛对蓝色光比对紫色光更为敏感，所以天空看起来就是蓝色的了。

天空都是蓝色的吗？

　　火星的上空是什么颜色呢？组成火星的大气微粒与组成地球的大气微粒是非常不一样的。"玩游戏"的时候，火星的大气微粒更喜欢和太阳光中的红色光和橙色光玩。所以，如果你去火星，笼罩你的将是美丽的红色天空（虽然你可能喘不过气来）。

　　月亮的上空又是什么颜色呢？月亮上没有空气，周围也没有跟空气类似的东西。既然没有东西可以反射太阳光，也就看不见天空。

13

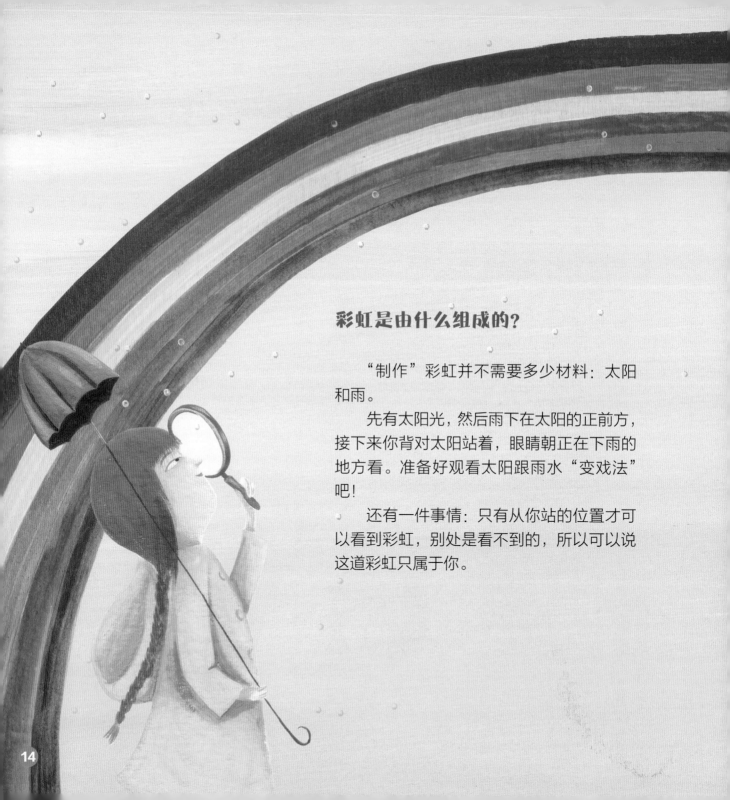

彩虹是由什么组成的?

"制作"彩虹并不需要多少材料:太阳和雨。

先有太阳光,然后雨下在太阳的正前方,接下来你背对太阳站着,眼睛朝正在下雨的地方看。准备好观看太阳跟雨水"变戏法"吧!

还有一件事情:只有从你站的位置才可以看到彩虹,别处是看不到的,所以可以说这道彩虹只属于你。

你是怎样看到彩虹的？

当太阳光从水滴的一侧进入时，光的颜色被分解开并一点点被折射，射到水滴的"后墙"（背面）上时，光又被进一步分解。当太阳光再从水滴前面出来时，光的各种颜色分解得更开了，并且光射出的方向跟其进入的方向正好相反。

如果射出的光线有一部分正好进入你的眼睛，你会远远地看到那些水滴。你知道吗？由于光按这种方式射出水滴，进入到你眼睛的彩虹光线只能是从你正前方的水滴而来，而这些就是你唯一能看到的水滴。

"你会看到什么颜色呢？"因为光射出水滴时，光的颜色已经被分解开，所以，你看到的只能是你视线方向的颜色。从水滴反射进入眼睛的是红色光，接着是橙色光，下来一点点是黄色光，再下来是绿色光，然后是蓝色光，最后是紫色光，这就是你看到的彩虹啦！[1]

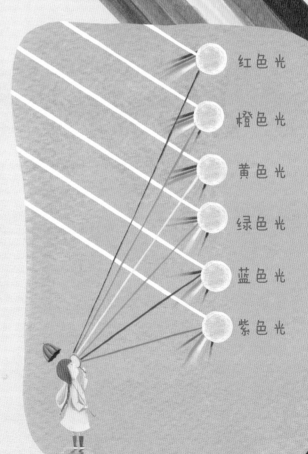

红色光

橙色光

黄色光

绿色光

蓝色光

紫色光

[1]通常认为白光是由红、橙、黄、绿、蓝、靛、紫7种色光组成的复色光。——编者注

奇妙的事情

穿透的眼神

2 500 年以前，一些希腊的智者认为，人们之所以能够看到事物是因为眼睛能够射出许多发光的"触角"，虽然它们看不见也摸不着。他们认为人们能看到地上的石头是因为眼睛发出的光接触到了石头。虽然这个理论不能解释为什么在黑暗中什么都看不到，不过，这个想法倒是挺有意思的。

月亮囚徒

莫科维是阿根廷和巴拉圭的原始部落，那里流传着一个关于月亮变化的传奇故事。据说伊贝纳克酋长的部落被敌对部落攻击，她的女儿希拉伊戈也被抓起来关在监牢里。因为希拉伊戈非常美丽，她被逼要跟敌对部落的酋长结婚。无奈之下，她只好祈求老天将她变成白色的幽灵。想要知道美丽的希拉伊戈过得怎么样？你只要每晚都抬头看一下天上的月亮就明白。如果月亮在变小，就表示敌人正在一点点地摧毁她的身体；如果月亮在变大，说 明 她 正 在 恢复气力。

真是太时尚了！

传说，历史上的判官如果不带上"太阳眼镜"就不会判案。判官带"太阳眼镜"不是因为想赶潮流或是显摆，而是为了不让任何人（特别是被告）在申诉时看见他的眼神，猜测他脑子里正在想什么。

你收到了 一条信息！

希腊人相信，他们所有的神灵都来自奥林匹亚山。因为山路太远，所以神灵们得派使者去传递指令。其中一位使者就是伊里斯神，她身穿闪闪发亮的七色衣裳，头上带着光束。因为她总是飞快地从一个地方跑到另一个地方去送信，她跑过的地方便会留下一道七色光。所以，对希腊人来说，彩虹就是天神向他们发送消息的标志。

眼科医生能看多远？

那要问他的双眼。

关于
视野和色彩的问题

1. 你是怎么看到颜色的?

那还用说，当然是通过眼睛看到的。可是，你怎么能理解这些颜色呢？跟所有人一样，你的眼睛里有一些小"铃铛"，当眼睛接收到光时，这些小"铃铛"就会响起来。可是并不是所有的小"铃铛"的工作原理都一样，有的接收到红色光时才响，有的接收到绿色光时发出声音，有的碰到蓝色光才会有铃声。

比如，当你看到一朵红玫瑰的时候，来自花瓣的光会让你的红色"铃铛"响起来，这时，你的脑子会说："红色。"同样，来自枝叶的光会让你的绿色"铃铛"丁零零地颤动起来，这时，你的脑子会说："绿色。"如果这时一只蓝色蝴蝶飞来停在了玫瑰花上，翅膀反射的光会让你的蓝色"铃铛"震动起来，这时，你的脑子会说："蓝色。"

怎么区分黄色？

　　如果眼睛里的小"铃铛"只在接收到红色光、绿色光和蓝色光时才响应……那我们是怎么分辨出黄色的呢？

　　实际上，这些"铃铛"不仅仅只响应这三种颜色，黄色光讲入你的眼睛时，一些红色"铃铛"和一些绿色"铃铛"会同时响应，大脑就会把这个红绿齐响应的"调子"处理成"黄色"。如果你看到的是红黄色，像蛋黄那种黄，响应的红色"铃铛"会比绿色的多。如果你看到的是绿黄色，像柠檬皮那种黄，那响应的绿色"铃铛"就会比红色的多。这听起来很神奇对不对？

小"铃铛"们为谁而鸣?

跟黄色一样,每一种颜色都有对应的"调子"。虽然有一些颜色十分接近,但据说大脑能区分红、绿、蓝组成的35万种不同"调子"的颜色。这样的话,三种"铃铛"已经足够让你分辨出很多颜色了。

如果一个东西明显有两种非常不同的绿色,现在你就可以准确地描述出你看到的是哪一种绿色了。

好奇千百问

色盲是指红、绿、蓝的"铃铛"有损伤的人,他们在辨别某些颜色时存在问题。色盲几乎都是男性,其中红绿色盲最为常见。因为他们不知道在正常情况下,红色和绿色是什么样的,所以他们并不知道自己有这个问题,直到接受一些特别的检查时才会发现。

2. 我们看到的都一样吗？

除了牛顿发现的所有颜色外，太阳光里还有一些肉眼看不到的颜色。这些肉眼看不见的光叫红外线和紫外线。当你暴露在太阳下时，红外线给你热量，紫外线则会灼伤你的皮肤。

大部分哺乳动物都分辨不出人类能感受到的所有颜色。它们眼中的世界，色彩并没有那么强烈。可是，有一些动物很特别，比如：蜥蜴能看到的颜色比人多。蛇的视力虽然不好，但是它能通过眼睛旁的"热眼"来"看"红外线，这让它在漆黑的夜晚也能寻找到猎物。同样，蜜蜂的眼睛虽然几乎看不见红色，可是能"看"到紫外线，靠它来定位花瓣的方向和位置。

3. 拿破仑的白色战马真的是白色的吗？它到底是什么颜色的？

当太阳光照射到一些完全没有颜色的东西上时，所有颜色的光都进入到你的眼睛，这时所有的小"铃铛"都会响起来，像"交响乐"一样。那么，当所有的"铃铛"都以相同的强度，在同一时间响应时，大脑会作何反应呢？大脑认为如果某个东西没有任何颜色，并不意味它没有颜色，因为你看到颜色了（因为有光线射入眼睛），只是你看到的是白色，所以太阳光也叫白光。

白色的东西反射所有接收到的色光。所以，拿破仑的战马在太阳光下是白色的，在烛光下就是黄色的了。

24

白色的东西反射所有接收到的色光……那不反射任何色光的东西，看起来会是什么颜色呢？如果物体吸收了所有的色光，那你还能看得见吗？

寻找你周围看不见的东西时，手臂可别颤抖：有一些东西你的眼睛看不见，可是你的大脑能看见。比如，你在读这段文字时，你的"铃铛"接收到除了这些字以外的所有光线。你的大脑明白，这些没有反射任何光的地方形成的就是黑字。所以，你看到黑色其实是因为你看不见它反射的光。

好奇千百问

虽然黑色的东西吸收所有可见光，不反射任何颜色的光，但如果光线本身很强烈，黑色也会跟其他颜色一样，反射一些光线。这样一来，黑色的表面看起来就像被一层白光笼罩了一样。

1997 年 12 月，685 名日本小朋友看了一集《宠物小精灵》后被送进了医院。因为在动画片的结尾，电视里出现了非常耀眼的画面，五彩缤纷的光持续闪烁 5 秒钟。因为画面和颜色都转换得太快了，以至于这些孩子的大脑没办法及时"理解"。就这样，孩子们不明白怎么回事，只觉得脑子里各种混乱的东西搅在了一起，以至于出现头晕、呕吐或晕倒等现象。

你知道吗？任天堂株式会社（出品《宠物小精灵》的公司）的一些游戏产品会警告你，游戏可能会引起头晕、呕吐或晕倒等现象。

2013 年 12 月，国际光影节首次在拉丁美洲举行，举办城市选在了墨西哥城。墨西哥城的 13 座标志性建筑成了光影的载体。当光影投在建筑物上时，在场的观众目瞪口呆，惊叹不已！即使他们对这些建筑已经非常熟悉了。

很久很久以前，木偶戏演员们找到了可以让自己"隐身"的办法：用黑布覆盖场景，自己穿上黑色的衣服，带上黑色的面纱和手套。这样的话，演员在台上走来走去就没有人能看得见了。木偶可以跳、飞和蹦，观众看得目瞪口呆。现在，虽然大家都知道演员们是怎么"隐身"的了，但"黑色套黑色"的做法仍然非常受欢迎。

谁在弹奏旋律？

　　黄色光进入眼睛时，红色"铃铛"和绿色"铃铛"会一起响应。那如果不直接打黄色光，我们怎么才能看到黄色光呢？这个很简单：只要同时打红色光和绿色光，两种光重合的地方就是黄色的。结果没有变，这是因为大脑根本不关心是什么引起"铃铛"响应的，所以当你的眼睛接收到红绿混合光时，看到的仍然是黄色光。

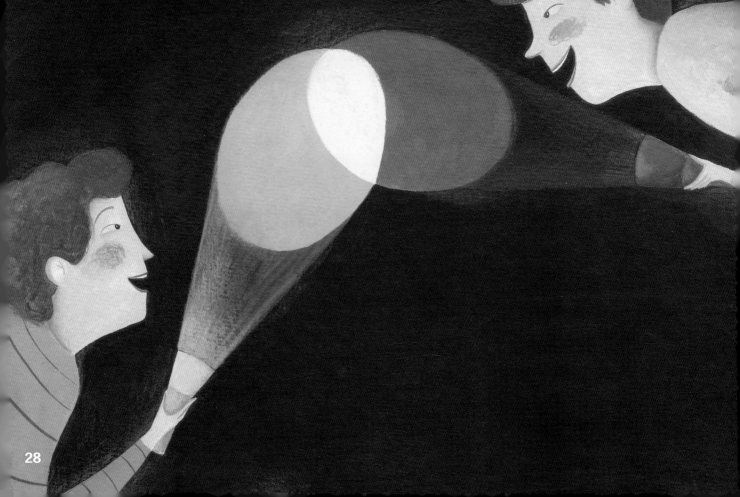

黄色？晦气，真晦气！

对很多演员来说，黄色是倒霉色。你知道这种可笑的说法是怎么来的吗？300多年前，在法国住着一位莫里哀先生，他创作、导演和演出了很多非常有名的戏剧。1673年2月17日，他正在表演自己创作的《无病呻吟》中的一个角色时，突然觉得不舒服便倒在了舞台中央。

虽然很多人都认为他表演得非常精彩，但他的结局并不圆满：莫里哀在几个小时候后便离开了人世。那天，他从头到脚穿的都是黄色的。所以从那个时候开始，很多演员因为害怕发生不好的事情就尽量不穿黄色的演出服，至少首演不会这样穿。

4. 太阳是黄灿灿的吗？

画太阳的时候，你百分百会把它涂成黄色。不过现在你不是快成为光和颜色方面的小专家了吗？你可以自己问自己一个很难的问题：太阳看起来总是黄灿灿的吗？

最重要的是：你看到的事物的颜色取决于两个方面，事物发出的光的颜色和射入你眼睛的光的颜色。那如果太阳发出的光是白色的……为什么你看到的却是黄色的呢？

你还记得构成地球大气的微粒会散射太阳光吗？太阳光从发出到进入你的眼睛，会失去一部分蓝色和紫色的光，因为这部分光被微粒散射到天上去了。所以，最终进入你眼睛的光线就只有绿色、黄色、橙色和红色。这几种颜色混合后，你会看到什么颜色呢？想一想：红色加绿色是黄色，那黄色加橙色就是红黄色。这里黄灿灿的，那里也黄灿灿的……太阳看起来也是黄灿灿的！

太阳看起来总是黄灿灿的吗？

你大概能想到问题的答案：太阳的颜色取决于空气。一天之中，太阳光穿透大气层的路径是不断变化的，中午的路程最短，下午的时候路程又会拉长。

中午看到的太阳几乎是白色的（小心，千万别直接盯着太阳看！），因为这时候大气层中反射光的微粒很少，所以光线的颜色基本没变。中午过后，路程拉长，大气层中反射蓝光和紫光的微粒增多，太阳看起来就是黄色的。如果路程更远，紫光和蓝光几乎消失，空气中的微粒会反射更多的绿光和黄光，等光最后射入眼睛时，只剩下橙色和红色了，这时，太阳看起来就是橙色的。最后，橙色慢慢褪去，你会看到红彤彤的太阳悬于地平线之上。

从清晨到中午也是这个过程，只是跟从中午到下午的过程相反而已。

实验园地　家庭活动

你想做一个"黄昏"吗？准备一大杯水和一小杯牛奶，找一个手电筒和一个足够黑的地方来进行实验。把手电筒放在杯子后面，让手电筒的光直射进水里，注意观察光是什么颜色。接着往水里滴一滴牛奶，当光照到牛奶微粒时，光的颜色有什么变化？把手电筒往下移一点点（像太阳慢慢往下落），注意看，当牛奶微粒增多时，光的颜色是怎么慢慢变红的？

用眼睛欣赏的乐章！

就算不直接用黄色的光，你也能看到黄色光，因为你可以用其他颜色的光来合成不同颜色的光。如果绿色强光加上蓝色强光，你会看到蓝绿色的光；红色强光加蓝色光加绿色弱光，你会看到粉红色的光。

那如果红色、绿色、蓝色光都非常强时，你会看到什么颜色呢？这三种颜色混合会让脑子里的三种"铃铛"像乐队一样演奏起来，这时，你看到的会是白光。你可以试试只用红、绿、蓝三种颜色的光来合成白光。

5.彩色电视机屏幕上的色彩是怎么合成的？

现在你明白颜色是怎么来的了吗？你看到的所有颜色都可以用红、绿和蓝三种颜色按一定比例合成。来一点儿红色，不要绿色，多一点蓝色……

你不相信？走近电视机，用放大镜好好研究一下，你会看见电视机上有很多很多小点点。这些小点点是什么颜色的？一些红的、一些绿的和一些蓝的。

从远处不用放大镜你看到的全是合成的光，因为你的眼睛不能分解屏幕上每个小点点发出来的光。这就是为什么你能看到黄色的霍默（《辛普森一家》中的卡通人物）、粉红色的豹和橙色的加菲猫。

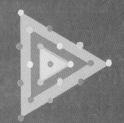

奇妙的事情

漫长的等待

之前人们靠船只往返于欧洲的各城市之间，从事贸易往来。每一天都有很多船来来去去，带来了商人和船员，但有时候，也会带来传染性疾病。所以，那些从"可疑"地方来的船只必须在离岸很远的地方抛锚，在那里待够整整 40 天。这 40 天被称作"隔离期"。一面黄旗升起，就表示隔离开始了，任何人都不能上船或者下船。隔离期结束，要是船上的人员都健康，就可以降下旗帜，登陆做生意了。

谁敢来挑战？

除非你在理解颜色方面有问题，否则没有人会混淆绿色、蓝色、红色和黄色。找一个成年人，让他依次读出下图中文字的颜色。

红色　　黄色　　蓝色

蓝色　　绿色　　黄色

黄色　　绿色　　红色

绿色　　黄色　　黄色

大脑的不同分区中，有的负责处理颜色，有的负责处理文字，这两部分协作也没有问题……因为至少他们所理解的是不同的东西。对于成年人来说，处理文字比处理颜色来得快，你会发现他们读蓝色这个词的颜色时，说蓝色（红颜料写的"蓝色"字）。

惊喜！

1977 年，在西班牙出版了一套邮购书，书名分别是:《英国美食烹饪》《美国越战胜利》《佛朗哥的民主观念》《中彩票的方法介绍》。这些书名都非常奇怪，因为大家都知道英国的食物非常不好吃；美国是越战中的战败方；佛朗哥曾是西班牙首相，跟民主压根儿不沾边；彩票是一种随机性的游戏，中头彩也没有什么方法可说。所以当好奇的购买者收到这些书时，也收到了一个大大的惊喜: 书里竟是空白的，没写一个字。

真是一种让人不安的颜色啊！

占时候，"猩红"这个词用来指某些丝绸特有的深红色。这些丝绸非常柔软，在西方的某些地方被用来做王公贵族、达官贵人服丧时穿的衣服。

随着时间的流逝，"猩红"这个词被医学领域采纳，用来界定"猩红热"这种疾病。患有猩红热的病人伴有高烧、全身皮疹和咽峡炎。这个时候，真是红红的脸蛋、红红的皮肤、红红的咽喉了!

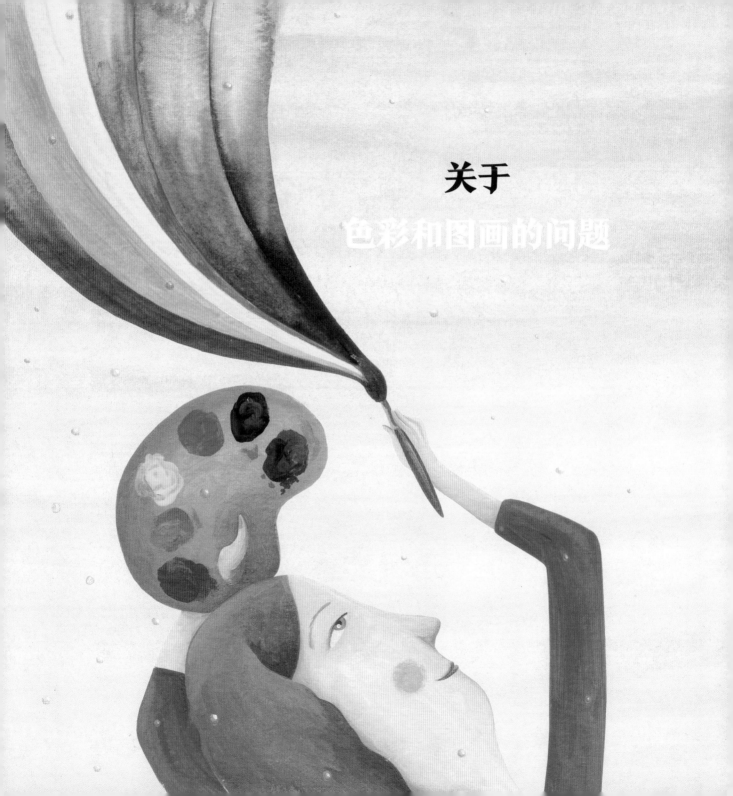

关于

色彩和图画的问题

为什么颜料都是五颜六色的？

你会挂一张白纸在墙上吗？一定不会！看一张什么颜色都没有的白纸，真是太无趣了！要是你有一张白纸，十有八九会找来画笔和颜料开始画画，将这张白纸变成你的艺术作品。

你问过为什么颜料都是五颜六色的吗？这些颜料都会吸收光，可是，并不是每一种光都吸收：每一种颜料都有自己的偏好，有的吸收红色光；有的吸收绿色和蓝色；有的吸收黄色；有的吸收红色；还有的吸收紫色……

你在白墙上画一颗红心，红色的颜料会吸收光线中除了红色光以外的其他所有色光。涂在心上的颜料呈现红色，就是因为颜料会吸收光（通常是白光）中的一些颜色，从而反射出颜料本来具有的颜色。

红色
吸收绿色光

蓝色
不吸收
蓝色光

绿色颜料

黄色
吸收蓝色光、
红色光等

紫色
吸收除紫色外
的所有色光

1. 画家是如何作画的？

　　画画只是往白纸上涂些能吸收光的颜料，这听上去让你对画画大失所望是吧？当然不是这样的，可别把画画想得这么简单，怎么艺术地使用颜料是有秘诀的。抛开其他很多事情不说，你需要知道将颜料涂在哪儿，怎么在纸上（或织物上）搭配色彩以及怎么调色才能得到你想要的颜色。

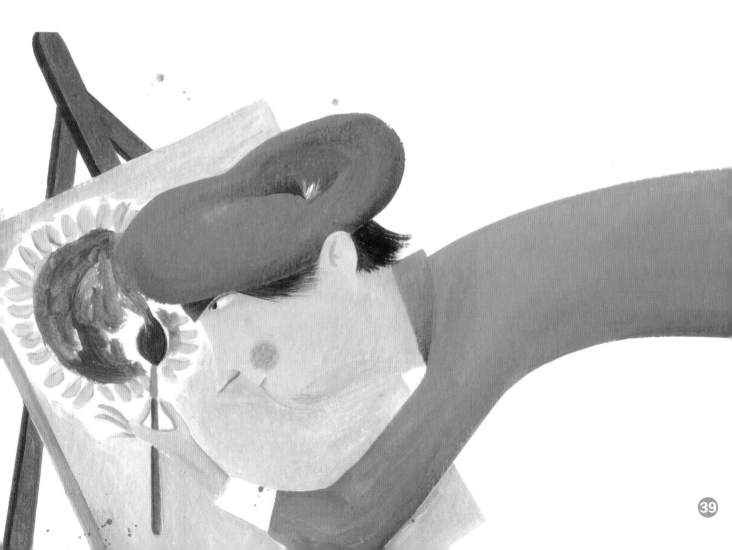

能够吸收光线的物质都在哪里?

快速地将周围扫一眼，你就会发现吸收光的物质无处不在：草里、胡萝卜里、石头里、玫瑰花里、你摔倒后从膝盖流出的血里、你表妹的头发里、邻居家鹦鹉的羽毛里……

人们通过"色素"这个很难理解的名称来认识吸光物质，色素几乎包含在所有的物质中，让这个世界充满了色彩。色素有各种各样的颜色：紫的、蓝的、蓝绿的、橙的、黄的、红的……

很多年前，一些用来画油画的颜料是非常难找到的。越难找到的，价格自然就越贵。

当一些达官显贵预定一幅画作时，他们会和画家签一份合同。合同里会精确地说明这幅画应该用多少金色和多少深蓝色。金色是用黄金做的，深蓝色是从天青石中提取出来的，这种石料非常罕见，只在世界上少数几个地方有。

深蓝色和白色是两种最适合画天空的颜色，如果画家用这两种颜色作画，画出的天空就会异常漂亮，可是奇贵无比！那些想买有蓝天画作的人，就得准备好出大价钱。

所以，当一个人非常想要一件东西，但不知道要花多少力气才能得到时，人们常常会对他说："要想得到天蓝色，那就得花上大价钱……"

2. 你想制作属于自己的颜料吗?

虽然现在用的大多数颜料是工厂生产的,但你可以在自家的厨房里制作出颜料。

先找一颗甘蓝(或有颜色的卷心菜),把它切成小块,然后放进锅里,加水,别太多,能淹过菜就可以了。盖上盖子,加热,熬 15 分钟。完全冷却后,捞出菜并挤干水,最后将"卷心菜"颜料倒进罐子装起来就完成了。

用菠菜叶子、洋葱皮、甜菜、玫瑰花瓣(最好是红玫瑰)、一些紫葡萄或者胡萝卜皮同样也可以做出各种各样绚丽的颜料。

如果你想长期保存你的颜料,可以往罐子里加一勺玉米淀粉。想要让别人知道你别出心裁,还可以在每个罐子上贴个标签,写上颜料的名字。

现在你已经有了一个系列的天然颜料啦!
就差一张白纸、一支笔和一点点灵感便可以开始作画啦!

墨汁里的色素是什么颜色？

想看看你的马克笔的墨水是什么颜色的吗？找 2 到 3 张用来泡咖啡的那种滤纸就可以。把滤纸裁成一条一条的（如果没有滤纸，用厚纸巾也行），用紫色马克笔（只能用可水洗的那种）在纸条中央画好一个圈，将纸条的一头插到有水的杯子里，等着看水沿着纸条慢慢上升，把圆圈打湿。注意看水是怎么从圆圈中分离出不同的颜色。到时候，你看看紫色马克笔的墨水就是紫色的吗？

按照相同的步骤，将所有马克笔都试一下，你会发现哪些颜色是调和而成的，哪些不是。

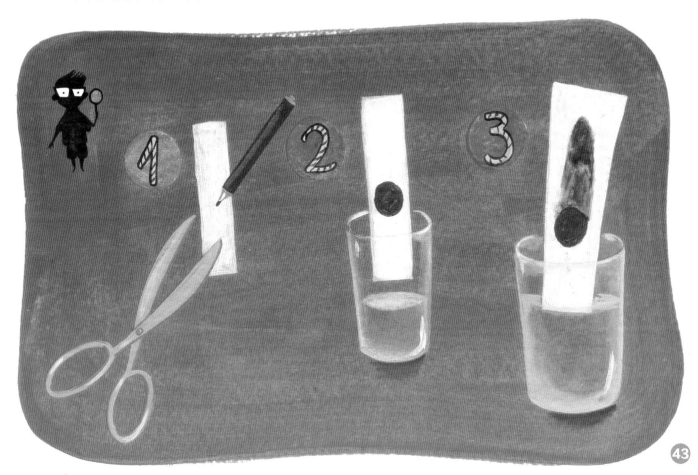

一群以亨利·马蒂斯为首的年轻画家形成了野兽派，就是说，他们的作品"简直是野兽"！野兽派认为色彩能表达感受，因此拒绝调色和混色，主张使用极其浓烈的色彩，比如，用从颜料管里直接挤出来的那种色彩，用很粗的画笔或直接用颜料管在画布上作画。评论家觉得这样的画法非常狂暴和激烈，所以就给了他们这样一个带有讽刺意味的称呼。

1951 年，阿德·莱因哈特做了一件在当时没人做过的事情：他用单一的蓝色涂满了整块画布。他觉得这样非常不错，于是就画了很多纯蓝色的作品，后来画了一些纯红色的和纯黑色的作品。1965 年，莱因哈特的作品在纽约美术馆展出，3 个展厅分别展出了他蓝、红、黑的单一色画作，作品几乎全部售出！

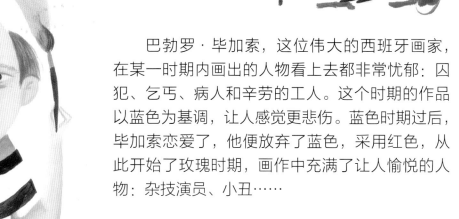

巴勃罗·毕加索，这位伟大的西班牙画家，在某一时期内画出的人物看上去都非常忧郁：囚犯、乞丐、病人和辛劳的工人。这个时期的作品以蓝色为基调，让人感觉更悲伤。蓝色时期过后，毕加索恋爱了，他便放弃了蓝色，采用红色，从此开始了玫瑰时期，画作中充满了让人愉悦的人物：杂技演员、小丑……

3. 污渍总是很显眼吗?

想完成一件不可能完成的任务吗?穿一件白色的衣服去吃一盘美味的意大利面,但不能把衣服弄脏!就算你花上几个小时,万般小心和注意,你的白色服上肯定还是会蹭上一两点污渍。

为什么污渍这么明显呢?其实你已经知道原因了。白色之所以看上去是白色,那是因为白色反射了照在上面的所有光线。而番茄酱汁正好相反,吸收了除红色以外的其他所有色光。所以当你看见雪白的衬衣上有一点红色污渍时,会感觉糟透了。

如果你正好穿了一件和番茄酱颜色一模一样的衣服,你可以安心地吃意大利面了,因为污渍看不出来。吃巧克力冰淇淋可不行,污渍还是能看出来。

这些污渍能被看出来,是因为当光线照到污渍时,污渍吸收的光线跟衣服吸收的光线是不同的!

4. 漂白剂能去污吗？

　　如果你没能成功完成任务，又不想被发现，请马上把脏衣服泡在有漂白剂的水里。

　　不管是什么污渍，漂白剂只要找到有色素的物质，就会附着在污渍上，将有颜色的物质转变成能"反光"的物质。如此说来，漂白剂的唯一作用就是去除色素。所以说，漂白剂能把所有东西都漂白。

　　让你意想不到的是：虽然看不见番茄酱渍了，但是你的衣服仍旧是脏的，因为污渍并没有消失，只是变成白色而已！

5. 印这本书一共用了多少种颜色?

为了回答这个问题，没有必要用放大镜一页一页地看这本书，虽然这本书可供你反复阅读多次。知道为什么吗? 答案非常简单，三种颜色。信不信由你，这本书里所有的颜色都是由三种色素调和而来的: 青色、洋红色和黄色。

这三种色素有什么特别的? 特别之处就是青色、洋红色和黄色的色素分别吸收红、绿、蓝三种色光，青色吸收红光、洋红色吃掉绿光、黄色吞掉蓝光，有了这三种颜色就能调和出各种各样的颜色。很神奇是不是?

好奇千百问

　　用三原色的确能调和出所有颜色，但印这本书其实用了四种色素: 青色、洋红色、黄色和黑色。知道为什么吗? 因为印刷专家说，调和出来的黑色比工厂生产的黑色要浅一些。

先告诉我你喜欢什么颜色的光，
然后我再告诉你你看到的光的颜色

你刚才读到的关于这本书颜色的东西并不具有什么特殊属性，就像能用红光、蓝光和绿光合成各种色光一样，你也能用青色、洋红色和黄色在纸上调出任何一种颜色：第一种，多来一点；第二种，全部用上；第三种，不要……

当你在一张白纸上混合这三种颜色时，每一部分都会从照射在其上面的白光中吸收红、绿、蓝三种色光：第一种，少吸收一点；第二种，一点也不吸收；第三种，全部吸收……也就是说，每一种颜色都会吸收部分色光而反射出它们不喜欢的色光。从这三种颜色反射出来的混合光线进入你眼睛便让你看到了白纸上的每一种颜色。

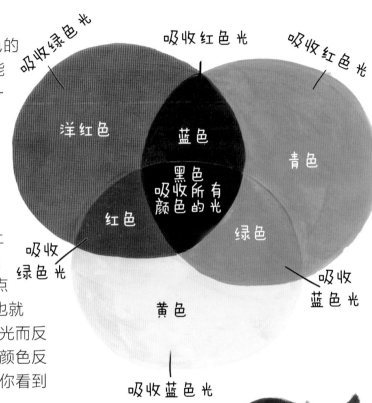

好奇千百问

下一次想画画的时候，你就可以用青色、洋红色和黄色调和出成百上千种颜色。或者，你也可以用蓝色（跟青色相近）、红色（跟洋红色相近）和黄色来调色，就像你在学校里学到的那样。虽然这三种颜色能调和出很多种颜色，但是用青色、洋红色和黄色能调和出更多种，因为后面这三种才是真正的三原色。

真是古老啊！

法国的拉斯科洞窟壁画是迄今为止世人所知的最古老的画廊之一。这组壁画有 600 幅画作，包括水牛、马、鹿和山羊等等，大多绘于 15 000 年前。岩画（红、黄、咖啡和褐色）采用的技术十分多样：用手指、头发或羽毛作画笔，用空心的骨头喷或者吹。那些史前的艺术家真是太伟大了，让我们为他们鼓掌吧！

这真是太有风情了！

两千年前，埃及女人就要花几个小时来化妆。用灌木叶磨成的一种橙红色粉末来涂抹手指甲和脚趾甲。用深红色的氧化铁粉末涂嘴唇和打腮红。眼睛是最闪亮的地方：上眼皮抹蓝绿色，下眼皮抹美丽的绿色，就是孔雀石那种绿色。用烧焦的杏仁、红土和氧化铜做的粉末加黑眉毛和眼睫毛。也用山羊的脂肪、特别危险的硫和铅混合物化妆。真是舍得花功夫啊！

真是干净！

据说负责去除污渍的专家不是现在才有的，早在 5 000 年前就有了。大多数村落都使用"太阳漂白"法，就是将打湿的衣服晾晒在地上，晒干后，打湿了再晒，如此反复持续好几天。另一种去渍的方法是把衣服泡在盐水里或者抹上黏土。可是，最有效的去渍方法是泡在尿里，这太恶心了！

多么富有啊！

在古罗马，如果想知道一个人是不是有钱人，只要看一眼他的衣服有几种颜色就行了！过去，染布非常贵，只有贵族才能穿得上色彩鲜艳的华服。想要显摆的贵妇们会穿上几种不同颜色的长裙，一件重着一件，而且为了让所有的颜色都显出来，还会加上宽边，这样所有人一看就知道她是有钱人。

为什么老虎有这么多斑纹？

？

因为老虎受不了"漂白剂"。

译 后 记

一套比故事更有趣的科普丛书。

一套关于大自然的儿童百科全书。

当今，随着互联网等科技运用和全球化的日益深入，知识大爆炸让生活在这个信息化时代的孩子们拥有更多的机会，更早更广地认知这个我们赖以生存的世界。为什么地震的时候大地会摇晃？空气有重量吗？龙卷风能被追逐到吗？……孩子们这些童稚的疑问，是否也让你觉得手心冒汗、"头发倒竖"呢？

"让头发倒竖的问题"丛书的主要编写者，也是这样一群从小就被各种各样的云彩所吸引，喜欢到河边去看天空中的各种奇妙景观的大孩子，他们致力于将他们自己对观察和提问题的热情传递给孩子们。这虽然是一套科普类丛书，但其妙趣横生的插图却能够帮助大家极大地享受自然与科学带来的乐趣，让所有读过此书的人都发现（不论你是 8 岁还是 108 岁，只要你还富有好奇心），原来科学是不会"咬人"的，一点儿也不可怕。

童书的翻译对读者非常重要，翻译得好，与原书相得益彰；翻译得不好，则降低了原书的价值。有人以为图画书字数少，又是写给小朋友看的，文字简单，翻译应该是很容易的。其实就是因为字少而精简，要译得贴切反而不易。

儿童读物的翻译要将表现美感的深度拿捏得当，才不至于曲高和寡，才能让翻译的受众——儿童接受。既是原版引进的外文书，译成中文要将其内容改写，以适合国情；译名要统一，以便读者后续知识查找和学习。正如翻译大师林语堂曾言："原文理解力、本国文字操控力、译技纯熟、见解，是翻译的必备条件。"特别是儿童读物既然是给儿童看的，文字自然应浅显。不过也有它的难译之处，就是作者为了吸引或者逗小朋友，常常玩些花样，书中最常见的就是文字游戏。翻译，本就是译者用本国语，讲出原文作者用外语对外国读者说出的话，连口气都要尽可能地像。如此一来，儿童读物中的文字游戏，要继续作为游戏，逗小朋友们开心，孩子们会快活地读下去才是译者首要的任务。

正如本套丛书作者所言："我们怀揣热切、疯狂的愿望，将我们的知识类丛书打造成市面上最光彩夺目、妙趣横生又创意非凡的作品，这才是意义非凡之所在。"

译　者

2016 年 5 月